| 飼 | 育 | の | 教 | 科 | 書 | シ | リ | ー | ズ |

フトアゴヒゲトカゲの教科書

How to keeping Bearded Dragon

基礎知識から飼育と
多彩な品種紹介

lovely Bearded Dragon

おっとりした子の多いフトアゴ。

ハンドリングを許してくれる子がほとんどでかわいらしいです。

日々の世話の中でたっぷりと愛情を注いであげましょう。

charming Bearded Dragon

さまざまな品種が揃うフトアゴヒゲトカゲ。
同じ品種でも個体ごとに個性が見出せて、
自分だけのフトアゴを選ぶ楽しみもあります。

フトアゴヒゲトカゲの基礎

—— Basics of Central Bearded Dragon ——

フトアゴヒゲトカゲとの生活を始めるあなたへ、
知っておくべき基礎知識を彼らの魅力と共にお伝えします。

トカゲの仲間でも最もペット
として人気のある種類の1つ

飼育の魅力

　国内外でペットとしてかわいがられているフトアゴ。正式にはフトアゴヒゲトカゲという名前で、愛好家の間では略して「フトアゴ」と呼ばれています。赤や黄・白といった色味を増した派手な個体のほか、本来、特徴的な顎や脇腹などに生える刺状突起のないフトアゴまで作られ、自分だけの個体を見つけるのが魅力です。加えて、飼育しやすく、物怖じしない性格も愛される理由。野生個体ではなく飼育環境に慣れている繁殖個体が流通の全てを占める現在、「最も飼育しやすいトカゲ」の代表的存在です。過酷な野生下を生き抜いてきたのではなく、生まれた時から人工環境下におかれているので、飼育・繁殖情報も多く、初めての人でも繁殖にチャレンジできるほどになっています。

　順番に話を進めていきますが、フトアゴにはペットとしてさまざまな魅力が備わっていることがわかります。

・丈夫で飼いやすい
・鳴かない
・散歩不要
・入手も容易

・おとなしくてハンドリングできる
・多彩な個体が揃う
・"表情"がとても豊かでかわいらしい
・1匹1匹に個性がある
・人工フードがたくさん流通している
・繁殖も狙える

　現在、市場に出回っているフトアゴヒゲトカゲは、野生捕獲個体（WC／ワイルドコートの略。ワイルドと呼ばれます）ではなく、飼育下で生まれ育ったフトアゴたち（飼育下繁殖個体はCB／シービーと呼ばれます）です。先述のとおり生まれながらにして飼育環境にいるため、ずっと飼いやすくなりました。そういったCBが流通するようになり、さらにさまざまな品種が作出され、世界中で愛されるペットリザードとなったのです。

　フトアゴの存在を知らなかった人にしてみたら、トカゲと言えば身近なニホントカゲやニホンカナヘビを思い浮かべるかもしれません。一方、フトアゴヒゲトカゲは頭が大きくてエキゾチック、かつボリューム感のある外見をしており、日本のトカゲのようにすばやく動くことはほとんどなく、

おとなしく、おっとりした性格のものが多く、ハンドリングもしやすい

人工フードを食べてくれるのも嬉しい

フトアゴは雑食性。さまざまなものを食べてくれる

繁殖にもチャレンジできる。ただし、殖やしたベビーを販売するには許可が必要

手のひらに乗せられるほどおっとりと物怖じしない性格。つるつるでもがさがさでもなく、その肌触りは少しずっしりとざらざらです。また、飼い主の姿を見ると、餌をねだって寄ってくるほど馴れてくれます。首をかしげるような仕草など、"表情"が豊かなこともフトアゴの魅力。よく見ると、同じ種類のフトアゴでも、色合いや模様に個性があったり、1匹1匹の顔つきや体型が違うことなどもわかるでしょう。流通量も多く、ほとんどの場合、複数匹の中から選べると思うので、自分だけのフトアゴを探し出すのも楽しいです。

なお、犬のように近所を散歩させる必要もありません。ただし、どうしても狭くなりがちな飼育ケースの中では運動不足に陥りがち。広めの飼育ケースでレイアウトなどを工夫したり、動けるだけの温度を提供

してあげてしっかり運動させ、しっかりと餌を与えてあげましょう。肉食性寄りの雑食性で、小さなフトアゴにはコオロギなどの餌昆虫を与えて育て上げ、大きくなるにしたがって野菜などの植物質を増やしていきます。フトアゴ用フードも各種が流通し、餌昆虫も入手しやすいので餌に困ることはほとんどありません。

繁殖を考える前に覚えておいてほしいことがあります。健康なペアが揃えば初心者でも繁殖を狙えるフトアゴヒゲトカゲですが、自分で殖やした仔たちを一定数以上、譲渡・販売するには、動物取扱業という資格が必要となります。販売や繁殖を視野に入れている人は覚えておきましょう。ただし、殖やしたとしても、自分の元で飼育し続ける場合は不要です。

爬虫類飼育の経験がない人がフトアゴヒゲトカゲを飼うケースも増えてきています。これから初心者でも飼育をスタートできるよう、覚えておきたい知識を紹介していきます。

02

はじめに

フトアゴヒゲトカゲは敵に襲われたり警戒心が高まると、喉を膨らませたり、身体を平べったくして脇腹の刺を立たせて大きく見せたり伏せることで身を守ります。普段はたたまれているので持っても痛くありませんが、この時に持ち上げると多少ちくちくします。飼育環境に慣れたフトアゴでも時々、こういった行動を見せることがあります。「フトアゴヒゲトカゲ」という和名は頭部が大きく、喉には細かな刺状突起が並ぶことから、この名前が付けられました。日本で広く見かけられるトカゲに比べるとだいぶ重量感があります。とはいえ、グリーンイグアナやサバンナオオトカゲほど大きな種類ではなく、最大でも全長50cmほどと飼育するにも程良いサイズ。トカゲの全長は頭の先（吻端）から尾の先までを指すため、尾が半分強を占めるフトアゴヒゲトカゲは数値ほどほど大きく感じません。大がかりな飼育設備は必要なく、市販の爬虫類用ケースで飼育可能です。

先述のとおり、流通しているのは自然下で捕獲されたものではなく、飼育下で繁殖された個体のみ。その繁殖過程でさまざまな品種が作出され、店頭には色とりどりの

フトアゴヒゲトカゲが並んでいます。野生下ではさまざまな餌を捕食し、厳しい自然を生き抜いてきた中で怪我を負ったり、ダニなどの寄生虫やその他病原菌などを持っている場合もありますが、繁殖された個体は餌付きも良いうえ、たくさんの人工フードも出回っており、現在は飼育器具もいろいろ出揃っていて、飼育をスタートさせるのに困ることはあまりありません。寄生虫などの心配も少ないです。野生を完全に失っていないものの、何世代にも渡って飼育下で生きてきたフトアゴは飼育面でも飼いやすいペットとなったのです。

同じペットでも、ハムスターやインコなどと大きく異なる点は、フトアゴヒゲトカゲが爬虫類であるということ。つまり、外温動物です。自分の体温を調整するためには、さまざまな温度帯へ移動することで上げ下げを行なっています。体温を上げることで活発に動けるようになり、代謝も上がって食べた餌を消化できるようになります。熱帯魚などの魚類は「水温」の管理を水中ヒーターで行い、温度管理が比較的容易ですが、爬虫類は「気温」を飼育者がコントロールしなければなりません。頑健で、

寒さにも強い面をみせますが、オーストラリア原産のフトアゴにとって日本の冬は寒過ぎるため、保温器具を設置してあげたり、飼育環境内に温度勾配を作ってフトアゴヒゲトカゲが好きな温度帯を選べるようにしてあげる必要があります。とはいえ、現在はさまざまな飼育用品が市販されており、難しいことではありません。ケース内の一部を暖めることで、それ以外の場所が涼しくなるようにセッティングすればOKです。ただし、十分に身動きできないような狭いケースでは温度勾配ができにくいので、ある程度のスペースが必要。最終的には幅90cmほどの飼育ケースが理想的です。床面積が広いほど温度勾配がつけやすいので、初心者は特に広め広めのほうが温度管理が行いやすいと言えます。成長も速いので、幼体からスタートする場合でも大きなケースから始めても良いでしょう。ただし、室温が20℃を下回ってしまう冬季に飼育を始める場合は、60cm幅のケースにヒーターとサーモスタットで保温したほうが温度管理は行いやすいです。

　飼育するうえでは水も大事なポイントです。全ての生き物にとって、水は生きていくうえで大事な要素。フトアゴも例外ではなく、水容器を設置してください。動きのない水への反応が悪い場合や、特に幼体の飼育であれば、霧吹きなどで滴を作り、水に動きをもたせると飲んでくれることが多いです。

　地表棲とされるフトアゴヒゲトカゲです

が、立体活動も得意で原産地のオーストラリアでは木に登っていたり、夜間は木のうろで寝たりしています。爬虫類用のシェルターなどを設置することで、落ち着きやすい場所を設けてあげましょう。また、シェルターの中と外を行き来することで明暗差や温度勾配ができ、フトアゴが好きな場所を選ぶことができます。

　爬虫類の中でもフトアゴの餌やりは楽な部類です。餌に動きがないと反応してくれない種類や、どうしても生きている昆虫類しか口にしてくれないもの、餌飽きをして急に食べてくれなくなる種もいるなか、フトアゴヒゲトカゲは雑食性で餌食いも良く、さまざまな人工フードが市販されているのも嬉しいところです。幼体時にはコオ

ロギなどの餌昆虫を与えますが、成体に与える餌は人工フードや野菜・野草など入手のしやすいものがほとんど。フトアゴ飼育で楽しいひと時がこの餌やりで、食べやすいように餌の野菜などを細かく刻んだりする作業は楽しいものです。愛好家の方々に話を聞くと、かわいがっている自分のフトアゴにいろいろな餌をあげたいと、いろいろな野菜を用意したり、いくつかの人工フードを揃えていたりと、深い愛情が伺えます。バランス良く、さまざまな餌を与えてあげましょう。

　「光」も爬虫類飼育では大切で、フトアゴヒゲトカゲにも太陽に代わる光を照射しなければなりません。太陽光の「紫外線」と「熱」に代わる役割をはたすのが、UV灯と

スポットライトです。どちらも成長に欠か
せないものですが、こちらも爬虫類用の製
品が各メーカーから各サイズ販売されてい
るので、自分の飼育状況に見合ったものを
用意してあげます。爬虫類専門店であれば
たいていの器具が揃っており、アドバイス
を受けながら選ぶこともできるでしょう。

　それと、フトアゴを迎える前に考えてお
かなければならないことがあります。飼育
スペースが確保できるかどうか。飼育ケー
スは幅90cm・奥行き45cmはほしいところ

です。最初、幼体を飼育したとしても成長
の速いフトアゴはすぐに手狭になってしま
います。また、きちんと世話ができる時間
があるかどうか。タイマーなどで照明器具
など多少簡略化できる部分があるものの、
餌やりや掃除などの日々の世話はほぼ毎日
行わなければなりません。平均寿命は7年
と言われています。15年以上飼育されてい
るフトアゴもいます。かわいいからと衝動
買いせず、長い付き合いになることも想定
しながら飼育をスタートさせましょう。

03

生態と分類

フトアゴヒゲトカゲの野生個体は、オーストラリア中央部の比較的乾燥した地域に生息しています。そこは乾いた林や草地・荒れ地・砂漠地帯で、多数の刺状突起の生えた厚めの表皮に覆われ、乾燥に耐えられるような体つきです。昼間に活動し（昼行性）、夕方、あたりが薄暗くなると物陰や太い樹木に登ってうろの中で休みます。カメレオンのように枝を掴んで移動することはできませんが、爪を引っかけることで木に登ったり、岩や倒木などによじ登ることができるわけです。主に地表面で活動するものの、生息地には林や草・岩・倒木に加えて地面にも起伏がありますが、そういった障害物も難なく越えて移動します。

1日の生活は、朝、日が昇り気温の上昇と共に活動を開始し、ねぐらから出てきてひなたで日光浴をして体温を上げます。十分に活動できるまで体温が上昇したら、餌探し。小さな虫などのほか、果実や野草を食べて消化。夕方までこれを繰り返し、日が暮れて気温が低下するとねぐらに戻って次の朝を待つといった生活を送っています。

生息地の地形を想像するとわかりますが、限られた空間である飼育ケース内にコルク板や流木を立てかけても、彼らにしてみれば、活動を制限させられるようなものではほとんどありません。むしろ、良い運動の場となる程度です。地表棲と聞いて平坦に砂だけを敷く人もいますが、飼育レイアウト程度はへっちゃらです。運動不足になりがちな飼育下のフトアゴたちにも多少の立体活動ができるよう、石や流木・コルクなどを複雑にならない程度にレイアウトし、飼育ケース内に温度勾配や湿度勾配・明暗差を設けてやり、彼らが好きな場所に

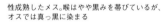

性成熟したメス。喉はやや黒みを帯びているが、オスでは真っ黒に染まる

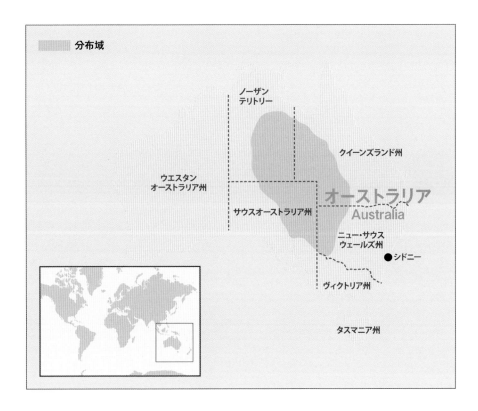

分布域

ノーザン
テリトリー

クイーンズランド州

ウエスタン
オーストラリア州

サウスオーストラリア州

オーストラリア
Australia

ニュー・サウス
ウェールズ州

●シドニー

ヴィクトリア州

タスマニア州

移動することで体温を上げ下げしたり、休むことができるようにしてあげることが飼育環境づくりでは大切となります。

フトアゴヒゲトカゲの全長は約40cm。最大で50cm近くに達します。ちなみに、「全長」とは吻端から尾端までを示し、尾は全長の半分ほど。繁殖期になると喉が黒く染まり、特にオスは真っ黒になります。メスも多少は黒くなる個体もいます。ボビングと呼ばれる顔を上下に小刻みに動かす仕草は他個体へのアピール。メスは前肢をくるくると回転させるアームウェービングという行動を特に行い、これは個体間の挨拶のようなものと考えられています。

フトアゴヒゲトカゲの学名は*Pogona vitticeps*。分類のうえだと、爬虫類の仲間のうちのヘビ亜目やミミズトカゲ亜目と同じ有鱗目のトカゲ亜目に属し、さらにアガマ科のアゴヒゲトカゲ属（*Pogona*）の1種（*vitticeps*）ということになります。同属にはヒガシアゴヒゲトカゲ（*P. barbata*）やローソンアゴヒゲトカゲ（*P. henrylawsoni*）・ヒメアゴヒゲトカゲ（*P. minor*）・ミッチェルアゴヒゲトカゲ（*P. mitchelli*）などが知られています。国内に流通するフトアゴヒゲトカゲはさまざまな名前が付けられていますが、どれも*Pogona vitticeps*1種。続けて、品種名が添えられて売られています（例：フトアゴヒゲトカゲ"スーパーレッドトランス"）。

04

身体

　全長は通常40cmほどで、最大でも50cmほど。その半分強が尾。大きな頭部と太くやや扁平な身体つきで、四肢はがっしりとしています。爪を引っかけて木や倒木・岩などに登ることができます。

　野生個体は褐色や黄褐色・灰色など地味な色彩ですが、流通するものは派手さを増した赤や黄・オレンジ・白などが多いです。さらに、背の鱗を滑らかにしたようなレザーバックや特徴的な鱗を消失させたシルクバックなども知られるほか、全体の色素が薄く、爪を含めて透明感のあるトランスルーセントなども作出されています。トランスルーセントは眼が黒くかわいらしい印象を受けます。

　ヘビと違い、トカゲは目を閉じることができるのも特徴の1つです。人間とは逆に下瞼を上へ持ち上げて目を閉じます。口内には細かな歯が並び、獲物を引きちぎることができますが、もし人間が噛まれたとしても大怪我になることはほとんどなく、温和な性格のため噛まれることも少ないです。成体になると特にオスは頭部が大きくなり、顎の刺状突起も発達します。後頭部周辺や脇腹にも刺状突起が並び、鷲掴みするとさすがに痛いので、ハンドリングの際は下から支えるように持ち上げると良いでしょう。

　尾のお腹側の付け根には総排泄口があり、ここから尿酸や糞を排泄するほか、交尾の際にオスは総排泄口からヘミペニスを出したり、メスは総排泄口から卵を産み落とします。フトアゴヒゲトカゲの雌雄判別は、わかりやすい個体なら頭部が大きいほうがオス、ややぽっちゃりしている体型がメスであることが多いものの、体型には個体差も見られるので、総排泄口の上、後肢の太腿の裏側に並ぶ小突起（太腿孔）を見て判断します。目立つほうがオス、ほぼ見られないほうがメス。また、オスの尾の付け根にはヘミペニスが収容されているので、成熟したオスなら尾の基部の膨らみなどから判断することもできます。発色は雌雄共に見られるので、色彩などから判別することは難しいです。幼体では雌雄判別が難しいですが、ある程度成長してくるとわかるようになることがほとんどです。専門店ではプライスカードに添えて「フトアゴヒゲトカゲ"トランスルーセント"（2020CB）♂」などと表記してあることが多いですが、表記していない時はお店のスタッフに判断してもらいましょう。

01	**口** 舌はキノコ状の形をしており、餌をくっつけるようにして口内に運ぶ	**04**	**耳孔** 奥に鼓膜を備える。音には敏感なので、玄関など騒がしい場所や振動が伝わりやすい床に飼育ケースを直接置くのは避ける	**07**	**爪** 雌雄共に持つ。品種によってはクリアネイルと呼ばれる色素のない爪を持つ
02	**瞼** 下眼瞼（かがんけん）。下から上へ瞼を持ち上げて目を閉じることができる。視力は良く、飼育者の動きなどにすぐ反応する	**05**	**体表** 細かな鱗で覆われており、脇腹や顎・後頭部周辺などには刺状突起が備わる	**08**	**顎** 細かな歯が並び、餌を引きちぎることができる
03	**頭** オスはメスよりも大きくなることが多い	**06**	**総排泄口** 尿酸や糞、メスでは卵を排泄する器官。オスは総排泄口から尾に向かってヘミペニスが収容されている	**09**	**尾** 全長の半分強ほどの長さ。自切はしない

爪の色は品種によってさまざま

オス（♂）

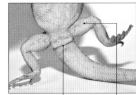

総排泄口　　太腿孔

メス（♀）

総排泄口

Chapter

2

迎え入れから
飼育セッティング

—— from pich-up to breeding settings ——

気に入ったフトアゴヒゲトカゲを見つけたら、
いよいよ飼育のスタートです。
末長く付き合えるよう、
迎え入れから飼育セッティングについて解説します。

01

迎え入れ

古くから支持され、かつてはレオパことヒョウモントカゲモドキよりも人気が高かったフトアゴヒゲトカゲ。急激にレオパの人気が高くなりましたが、フトアゴ自体の人気は今も昔も変わらず高く、ペットリザードとしては定番の存在です。販売されているフトアゴは国内外で殖やされた個体(CB)。原産国のオーストラリアは動植物の輸出を原則禁止していますが、世界中で繁殖された個体がペットトレード上に流通しており、現在はさまざまな品種が生み出され、多くの愛好家を楽しませています。おとなしい性格に加えて、飼育・繁殖も容易。仕草も愛らしくて人気が高いのもよくわかります。ホームセンターから爬虫類専門店・関連イベントなど、さまざまなシーンで見かけられるフトアゴですが、初心者は知識の豊富な爬虫類専門店での購入がおすすめです。あなたの家の近くにあるか探してみてください。それぞれのホームページやSNSなどネット上で検索してもいいし、爬虫類・両生類専門誌『レプファン』『クリーパー』『ビバリウムガイド』には全国のプロショップの広告が掲載されているので便利です。また、ひと口に爬虫類専門店といっても各々特色があり、フトアゴに強い店やカメレオンに力を入れている店・ヘビの取り揃えに自信のあるショップなどさまざまです。専門店には必要な器具や餌が揃っており、購入時にアドバイスを受けながら器材を選ぶこともできるし、詳しいスタッフがいるので飼育などの相談にも応じてくれるでしょう。

また、爬虫類イベントも全国各地で開催されています。有名な専門店が全国から集結して展示即売会を行うイベントから、繁殖した個体の展示即売会であるブリーダーズイベントなど内容や規模もさまざまです。ブリーダーズイベントは、直接繁殖させたブリーダーさんから買えるので、血統を知ることができたり、親個体が参考展示されていることもあります。国内繁殖技術の向上の目的も担う重要な催しです。ただし、いずれも1日か2日間の開催で開催時間にも限りがあるため、その場で質問責めにするのはマナー違反。こういった意味でも初心者は、気に入った個体をじっくりと選ぶことができ、スタッフに質問したりアドバイスを受けられる専門店に足を運ぶのがおすすめです。

1匹1匹個性が見られるフトアゴたち

幼体の流通が多いフトアゴ。ある程度育った若い個体が初心者にはおすすめ

　入手できるフトアゴには、さまざまな品種があるほか、サイズもまちまちです。幼体の割合が多いものの、成体が売られていることもあります。かわいいベビーか、迫力のあるアダルトか迷ってしまうかもしれません。初心者は小さな幼体よりもある程度育った若い個体や成体を選ぶのが良いでしょう。体力のない幼体よりもある程度育っている個体のほうが失敗が少ないです。

　品種や雌雄は自分の好みで選べば良いですが、傾向としてオスのほうが頭部が大きく迫力があり、メスがぽっちゃり体型でかわいい個体に成長します。発色は同じ品種でもその個体の持つ資質に左右されることが多いため、スタッフやブリーダーさんに相談しながら選ぶと良いです。その他、ひ

どく痩せていないか、怪我をしていないか、ちゃんと眼が開いているか、餌を食べているかなども確認しておくと安心。物怖じせず、温和なフトアゴですが、性格にも1匹1匹個性があります。よく動く個体・気の強い個体・すぐに寄ってくる個体などがあるほか、体型や顔つきもよく見るといろいろです。複数匹が一緒のケースで売られている場合は、一番威勢が良い個体や大きな個体が良いと思います。いずれにせよ、選択肢は多いはずなので、自分の気に入ったフトアゴを見つけ出してください。

　なお、生き物なので値段だけで判断するのもナンセンスです。同じ品種でもさまざまな値段で売られていますが、こっちのほうが安いからと金額で決めるようなことはせず、気に入った個体を選びたいものです。

専門店には関連器具や餌なども揃う

店頭やイベントで多く見かけられる

価格が違うのは、海外のブリーダーさんから仕入れたものなのか、国内ブリーダーのものなのかにもよるし、発色や血統などにも左右され、それなりの理由があるからです。1匹1匹大事に育て上げられたフトアゴは、それだけ手間や労力が費やされているものです。安いお店で購入後、アドバイスに乗ってくれないからという理由で他の専門店に問い合わせがあるケースもよく耳にします。専門店のスタッフも、自分のところで管理していたフトアゴなら情報がありますが、他店でどのように飼われていたものなのかわからないので、アドバイスをし

たくてもできずに困ってしまいます。他の生き物も同様ですが、飼育相談などは購入先に尋ねましょう。

フトアゴは単独飼育が基本。特に繁殖期のオスは喧嘩するので、同居させることはできません。雑食性で餌食いの良いフトアゴは、口に入るサイズのトカゲを食べてしまうこともあり、尾の先が切れている幼体も見かけられます。幼体時に間違って他の個体の尾をかじっためで、再生せずそのまま成長しますが、繁殖には問題ないので、よほどこだわらないかぎり、さほど気にしなくてもいいかもしれません。

爬虫類イベントは各地で開催（2020年3月以降、新型コロナの感染拡大防止のため中止）

初心者は専門店での入手がおすすめ

爬虫類・両生類専門店のフトアゴコーナー

気に入った個体が決まったら、どんな餌を与えているのか、餌の種類や給餌ペースなどのほか、温度はどれくらいで管理していたのかどうかも尋ねておきます。スタッフに頼めば販売ケースから出してくれて、手に乗せることもできるでしょう。動きや表情などをよく観察します。稀に、購入時に教えてもらったままの給餌量やペースで飼育し続ける人がいます。成長に合わせて餌の種類やペースなどをその都度変えていってください。購入時には、現在、法律上、必要な説明を受けたうえで実物を確認し、書類にサインをします。ちなみに、爬虫類の通信販売は動物取扱業の取得者でないと購入することができません。

稀に、購入後、家族の理解が得られなかったと返品したいというケースが見られます。ご家族と同居されている場合は、ペットとしてトカゲを迎え入れる旨を伝え、同意を得ておきます。マンションなどの集合住宅での飼育は物件によってまちまちなので、事前に不動産会社もしくは大家さんに確認しておくと安心です。放し飼いにするわけではないので、了解を得られることが多いと思います。

持ち帰りと
飼育ケースの準備

持ち帰りかた

　さて、購入する個体が決まったら、確認書にサインをして（爬虫類の購入の際に法律上決められている手続きです）、家へ連れて帰ります。お店ではトカゲが落ち着きやすいよう小さなカップや箱へ入れてくれます。自宅まではすみやかに、寄り道をしないで連れて帰りましょう。移動中にフトアゴのいるカップや箱を外に出さないようにしてください。また、冬場は寒さに当てないこと。一方、暑い夏は車内に置きっぱなしにしないように。お店でも冬場はカイロを貼り付けてくれます。車移動の場合は、エアコンの吹き出し口付近に置くと過度に乾燥してしまうおそれがあるので注意します。

　飼育環境はあらかじめセッティングしておいたほうがスムーズですが、フトアゴヒゲトカゲの場合はお店で購入してすぐにセッティングできるので、購入が決まった時点で必要なものを買い揃えても大丈夫です。

飼育に必要な器具

☐ ケージ（爬虫類用飼育ケースなど）

☐ 床材（パームマットやペットシーツなど）

☐ シェルターや流木・岩などのホットスポット用レイアウト品

☐ 水入れ

☐ シートヒーター（ケース底面積の半分程度の製品）

☐ 温度計・湿度計（数値を見る癖をつけておくとベター）

☐ 爬虫類用蛍光灯（紫外線を含む製品）

☐ スポットライト（バスキングライト）とソケット

飼育セッティング例

飼育ケースのセッティング

　ケージとは飼育ケースのこと。ガラス製やアクリル製、プラケースなどの材質があり、店頭には爬虫類用のさまざまな製品が各サイズごとに市販されています。床面積を重視しますが、ある程度高さがあったほうが高低での温度勾配もつけやすいです。また、ジャンプしたり爪を引っかけて脱走されることのないよう、天井部分は網蓋もしくは網蓋状の製品を選び、開閉部はロッ

クまたは鍵のできる爬虫類用ケースが使い勝手が良くおすすめ。幼体なら幅40cm・奥行き20cm程度からスタートできますが、60cm水槽サイズ以上あっても良いです。フトアゴは成長が速いため、成長に合わせてケースを変更するよりも最初から60cm以上のケースを導入したほうが後が楽になります。成体では幅60〜90cm・奥行き45cm程度以上。120cm水槽ほどの床面積が理想的。トロ舟と呼ばれる容器や大きな衣装ケースも利用できますが、網蓋を付け

愛好家のフトアゴ飼育例。幅91.5×奥行き46.5×高さ48cmの爬虫類・両生類用ケース（GEXエキゾテラ グラステラリウム9045）。エアコンで通年温度管理し、さらにスポットライトを一部に照射して温度勾配を設けている。ケースは前面が開閉式の爬虫類用ケースで、床材はペットシーツを利用。汚れたらまめに交換

るなど脱走防止に留意すること。初心者は、できるかぎり広いほうが楽に飼えますが、あまりに広いと保温器具での温度管理がやや難しくなるので注意します。幼体から若い個体なら60cm水槽サイズから始めるか、部屋全体をエアコンで温度管理してください。容量の大きなケースでのメリットは、温度勾配や明暗差・紫外線の強弱が設けやすくなるし、フトアゴの運動量も増すことができる点。また、スポットライトとの距離も選べるようにすると、フトアゴが自分で適度な場所を移動することで選んでくれます。多くの爬虫類にとって、野生下での天敵は鳥であり、上方からの刺激に敏感な傾向があります。爬虫類用ケースは水槽とは違い、前面が開閉式またはスライド式のタイプが多く、餌やりもメンテナンスも横方向から行えるので、フトアゴに与えるストレスを軽減できます。

　飼育ケースの置き場所は安定した所にしましょう。直射日光が強く当たる場所や人の出入りの多い玄関、温度差のはげしい場所は避けます。一般的に、同じ部屋の中でも低いほうが涼しいので、適当な場所を用意します。温度管理や照明器具などは追って個別に紹介していきます。

　セッティングできた飼育ケースに連れて

02

帰ったフトアゴをいよいよ移します。水入
れに水をたたえ、餌やりはその日は我慢し
ます。霧吹きでケースの内壁に滴を付ける
ように吹きかけてやります。フトアゴが湿
気を感じ、口をパクパクするような仕草を
見せたら水がほしいというサイン。口元に
滴を落としてやっても良いし、そばの内壁
に滴を作って飲ませても良いでしょう。餌
やりは新しい飼育環境に落ち着くまで待
ち、1、2日後から給餌を始めます。

こちらもブリーダー宅のフトアゴ飼育例。成体のオスが暮
らしており、コルクで立体活動ができるようなレイアウト。
運動不足を予防すると共に、上下移動することで熱・光（紫
外線）・明暗の勾配が設けられている

水槽を利用したケースの場合、網蓋を
設置する

フトアゴの成長は速い。成長を見据え、
最初から成体用の飼育ケースを選んで
も良い

ブリーダーのフトアゴ飼育例。こちらも爬虫類用ケースを使用。床材はパームマット

03

床材と水入れ・レイアウト品

専門店などにはさまざまな爬虫類用の床材が売られています。ケースに何も敷かないとフトアゴの足がつるつると滑ってしまうし、糞尿まみれになってしまいます。床材にはさまざまなものが使われていますが、使い勝手もさまざまで、飼育者の好みによって分かれるところです。フトアゴヒゲトカゲには、清潔で管理しやすいペットシーツがよく使われています。汚れたら簡単に交換できて便利。ただし、フトアゴにぐちゃぐちゃにされてしまったり、爪が引っかかったり滑りやすいのがやや難点です。ペットシーツの隅をテープで固定したり、重みのあるレンガなどを乗せている愛好家もいます。パームチップ（粗めのヤシ

ガラ）は見ためも良く、糞尿をしたらその部分だけ取り除くことでメンテナンスが容易かつ粉塵も少なく、フトアゴ飼育ではよく使われている床材。爪が引っかかることもなく、誤飲しても体内で細かくなるので排泄されるし、たいていは間違って口にしたとしてもフトアゴはペッと吐き出します。ウッドチップも汚れた部分だけを取り除くことができますが、木の粉塵が出やすいです。アスペンチップも使いやすい床材で、同じように汚れた箇所のみ取り除いて管理します。赤玉土などは自然っぽい印象になり、見ためも良いのですが、土埃がフ

パームマット

水入れ

餌入れは給餌の際に入れて、食べ終わったら出しても良い

流木

レイアウト品は運動の場にもなる

あまり複雑にせず飼育個体に合わせたものを選ぶ

コルク。爬虫類専門店などで流通する。板状・筒状など形状もいろいろ

カクタススケルトン。こちらも爬虫類・両生類専門店で時折流通するレイアウト品

トアゴにまとってしまったりケース内壁に付着して、まめな掃除が必要となります。砂は見ためこそ自然ぽいですが、誤飲することもあり、特に幼体には向いていません。

水入れは常設し、毎日交換します。特に幼体には必須です。いつも清潔な水を飲めるようにしてください。水容器もさまざまな製品が流通していますが、飼育個体がひっくり返さないような、ある程度重量のある安定したものを選びます。湿度はあまり気にしないフトアゴですが、床材がびちゃびちゃになっているのは湿らせ過ぎです。乾燥気味な状態を保つようにしましょう。鱗のないシルクバックを飼育する際は湿度を高めに設定し、ウェットシェルターなどを設置します。

一方、餌入れは入れたままにしても良いですが、餌となる人工フードや刻んだ野菜を準備して餌入れに置き、食べ終わったら毎回取り出して洗ってあげると清潔な状態を保てます。

運動させる目的と共にコルクや流木で高低差や温度差・明暗差を設けますが、フトアゴはジャンプすることもあるので、網蓋を設置するなどして脱走に注意します。幼体には流木や石などを多めに入れてあげた

いですが、レイアウトはシンプルに。シェルターを設置すると中と外で明暗差・温度差ができ、フトアゴが光や熱から離れたい場合に有効です。ただ、中にはシェルターにこもりがちになる個体もいるので、必ずしも必要というわけではありません。飼育ケースの容量が広く、シェルターがなくても明暗や温度の勾配ができていれば十分です。

縦方向にコルクや流木をセッティングすると、フトアゴは爪を引っかけて器用に登り下りします。良い運動にもなるし、温度や紫外線の勾配もでき、フトアゴが選べる飼育環境にもより幅が出てきます。ただし、あまりに込み入ったレイアウトを施すと掃除などのメンテナンスがしにくくなるので、できるだけシンプルにしましょう。

市販されているレイアウト品。シェルターとバスキング場を兼ねる

04

保温器具と照明器具

　フトアゴヒゲトカゲの原産地はオーストラリアの比較的乾燥した地域。昼行性、つまり、昼間に活動して夜になると休むという生活を送ります。飼育下ではそれに見合う温度と光を与えてあげなければなりません。フトアゴヒゲトカゲは爬虫類の仲間でも比較的高い飼育温度と紫外線量が必要です。爬虫類のため、暖かい場所と涼しい場所を行き来することで自分の体温を調整し、太陽光を十分に浴びて暮らしています。飼育ケース内の一部にホットスポットと呼ばれる特に暖かい場所を設け、そこから離れるとだんだん涼しくなるような状況を作

ります。日本には四季があり、冬季は基本的な気温が低くなってしまうので、ケース下にシートヒーターを敷いたり、レフランプまたは保温球と呼ばれる熱球で足りない温度を確保する、もしくは飼育ケースのある部屋全体をエアコンやストーブで加温します。さらに、一部にホットスポットを設けてあげます。逆に、夏季は十分暑いので、スポットライト（バスキングライト）のみの照射にするなどしましょう。マンションか木造一軒家か、お住まいの地域やケースの設置場所などさまざまなケースがあるので、このへんは適宜調整してください。目安として、日中はホットスポットで40～45℃。低い場所で25～30℃。夜は20～25℃。ただし、幼体は高めに設定し、25℃を下回らないようにします。シートヒーターを敷く場合は床面積の全面ではなく、ホットスポット側の1/3から半分程度にすると温度勾配がつけやすいです。スポットライトの当たる箇所には、岩やレンガなどを置いておくとそれ自体が熱を持つし、フ

さまざまなバスキングライト。熱と共に紫外線を含む波長を照射する製品も流通する

さまざまな紫外線灯

メタルハライドランプ

トアゴも休みやすくなります。暖かい場所と涼しい場所を行き来して、フトアゴが自分で体温調整できているかどうかが大切です。

　その温度勾配ができているかどうか、温度計を見ながら数値で確認すると共に飼育個体の様子を観察して調整してください。上の数値はあくまで目安です。そのフトアゴにも個性や癖があるので、あなたの飼っている個体に合った飼育環境を微調整していきます。たとえば、上記のセッティングができ、数値も確認済み。なのに、フトア

ゴがホットスポットからずっと離れない。であれば、温度が低いのかもしれません。温度の高い場所と低い場所を行き来するような状態が理想なので、スポットライトのW数を上げたり、照射距離を詰めるなど変更し、再度、観察します。中途半端な温度のホットスポットを作ってしまい、そこに長い間留まらせてしまうと低温火傷の原因にも繋がります。逆に、ホットスポットに一度も寄りつかないのであれば、温度が高過ぎなのかもしれません。多かれ少なかれ外気温に左右されることも多いです。夏場

体温を上げているフトアゴ

コルクのレイアウトで熱源からさまざまな距離が選べるようにしてある

爬虫類用紫外線灯の設置例

と冬場、同じように温度管理していても数値が異なっていることもあるため、定期的に温度計の数値をチェックしてみてください。また、一部にスポットライトを照射し、シートヒーターも半分程度にしか敷いていないにもかかわらず、十分な温度勾配が作れないケースもあります。多くは飼育ケース自体のサイズが小さいためで、保温器具類とケース容量が見合っておらず、全体が暖かくなり過ぎているのです。飼育ケースがより広ければ自然と温度勾配ができるので、初心者は広め広めのケースを選ぶとやりやすいはずです。大切なことなので繰り返しますが、飼育しているフトアゴが暖かい場所と涼しい場所を行ったり来たりできているかどうかを確認してください。どちらか一方に留まり続けているのなら、環境設定を見直し、再度、調整します。シートヒーターもスポットライトも各メーカーからさまざまな製品が市販されています。ラ

イトは爬虫類用のバスキングライトがおすすめですが、W数もサイズもいろいろなので、初めて飼う人はお店のスタッフに相談しながら製品を選ぶと安心でしょう。

　サーモスタットは温度を自動的に制御する製品です。爬虫類飼育用のサーモスタットもあり、好みの温度を決められるなど便利な機能もついています。温度を感知するセンサーは飼育ケースの床面付近、涼しいほうに設置すると管理しやすいです。

　バーベキューの時や公園を散歩していてニホントカゲやニホンカナヘビに遭遇した経験がある人も多いと思います。春から秋

温度計はフトアゴの生活エリア（床面付近）に

メタルハライドランプ（メタハラ）の設置例

にかけて庭先から公園などさまざまな場所で見られるトカゲで、晴れた日の昼間、ちょろちょろとすばやく逃げ去っていきます。日光浴をして代謝の上がったトカゲは餌を探しに活発に動き回っているのです。一方、雨の日や夜、他の生き物を探していると、草上や倒木の下で休んでいたトカゲに会うことがあります。気温の低い時間帯に出会ったトカゲは体温が低くて動きが鈍く、昼間、あれだけ追いかけてもなかなか捕まえられなかったのに、簡単に捕獲できるのです。先述したように、爬虫類は外温動物なので、気温が低いと代謝が落ち、動きも鈍くなります。飼育下のフトアゴも同様で、ホットスポットに当たって体温を上げ、餌を食べて消化します。必要な温度が得られず、体温が低くて代謝も落ちている時に無理に給餌をすると餌も追えず、十分な消化もできません。これを続けると健康トラブルを引き起こす要因にもなります。気温の低い冬場に人間の感覚で餌食いの落ちているフトアゴがかわいそうだからと無理やり餌を与え、食滞を引き起こしたりするケースもあります。まず適度な温度を提供したうえで餌やりをしてあげなければなりません。フトアゴは爬虫類で、餌を食べるための活動も消化にも温度が必要だということを忘れないようにしてください。

　また、フトアゴは日光浴を好み、紫外線要求量が高いトカゲです。紫外線は英語でultravioletといい、略してUVと表記されます。太陽光にはUVA・UVB（UVCも含まれますが、地表に届きません）の波長があり、地表に到達する紫外線の99%がUVA。フトアゴの成長のためにも欠かせない要素で、UVAは食欲増進や発色・脱皮促進などの効果があるとされ、重要なUVBは体内でビタミンDを活性化させて合成し、カルシウム代謝に大きく関係してくるもので成長を促す波長です。骨などの形成に必要なカルシウムを体内に吸収させるためには、ビタミンDが必要となるため必須な要素。不

フトアゴが暖かい場所と涼しい場所を行き来できているかどうか確認しながら、
距離やW数・レイアウトなどを微調整する

足するとクル病や代謝性骨疾患を引き起こす原因にもなります。

　紫外線を含む爬虫類ライトにはさまざまなタイプが市販されていますが、最も強い紫外線量を含む製品を使います。メタルハライドランプ（メタハラと略されます）や爬虫類用蛍光管（「レプティサンUVB 10.0」など）や「パワーサンHID」「ソーラーラプターHIDランプ」などが推奨されます。距離が離れるほど紫外線量が低下するの

で、流木やコルクなどで高低差を作り、紫外線量の勾配を設けるようにしてください。

　難しく聞こえたかもしれませんが、イメージで言うなら、太陽の熱の代わりがヒーターやバスキングライトで、太陽の光の代わりが紫外線灯ということになります。体温を上げるための日向の役割を果たすのがホットスポット。いずれも朝点灯し、夕方に消灯します。効果的な使用時間にも

庭で日光浴をさせているところ。必ず日陰を作って逃げられる場所を確保すると共に、
飼育者がそばにいるようにすること

限りがあるので、紫外線灯は1年ごとに交換するのがおすすめです。飼育記録や飼育メモを取っておくとより安心でしょう。

もっとも、太陽光に勝るものはありません。仕事や学校が休みの日だけでもかまわないので、時々、屋外で日光浴させるのも良いです。気温の低い冬季は避け、春から秋にかけて行い、大きな水槽やコンテナボックスなどを利用し、脱走されないよう必ず網蓋などをかぶせます。そして、必ず

そばにいるようにします。日光浴用のケース内には板を置くなどして半分日陰を作り、そこでも日陰と日向を行き来できるようにしておきましょう。数時間から長くても半日程度に、気温の高い夏場はオーバーヒートしないよう特に注意。上手に日光浴をさせることで、発色が上がったり、餌食いが良くなるなど、フトアゴにとっても良いことが多いです。

Chapter

3

日常の世話

—— everyday care ——

日頃の主な世話は、餌やりと掃除。
清潔な環境を心がけて、適切な餌を個体に合ったペース・量を与えてあげましょう。

01

ハンドリング

フトアゴヒゲトカゲを飼育するうえで、ハンドリングする機会が出てきます。ケースを掃除する時など、一時的に外に出して床材をメンテナンスしたりしなければなりません。フトアゴはおとなしく、噛んでくることはほぼないです。稀に口を開けて喉

安定するように手のひらに乗せる

不意に飛び降りた時のことも考慮し、低い位置で

を膨らませ、身体を平たくしてこちらを警戒する個体もいますが、無理にハンドリングせず、落ち着いてから持ち上げるようにしましょう。空腹時は餌をもらえると思って、間違えて噛んでこようとする個体もいます。いったん持ち上げてしまえば落ち着くことが多いので、少し餌を与えて落ち着かせてからハンドリングします。脇腹部分の刺はそう痛いものではありませんが、警戒して身体を平たくすると刺が立って掴むと多少痛いです。

フトアゴに限った話ではありませんが、上方から手を差し出されることを嫌がる傾

ハンドリングに慣れていない幼体は慎重に

頭だけ持つのは避ける

お腹には刺状突起がなく、触り心地も良い

向にあります。地表生活者である彼らにとって、上から襲われることが多く、どうしても警戒しやすい方向なので、お腹の下にそっと手のひらを差し込み、そっと持ち上げます。

　ハンドリングの際、してはいけないことは、

・驚かさないこと
・高い位置まで持ち上げない
・長時間のハンドリングはなるべく行わない
・指を伸ばして顔の前に近づける
・嫌がる個体は無理にハンドリングしない
・頭や尾だけを持ち上げない
・上から鷲掴みにしない
・不安定な持ちかたをしない

　といったところでしょうか。脇腹や後頭部・下顎は特に成体だと刺が発達して強く掴むと痛いくらいですが、お腹は温かくてぷにぷにした触り心地です。フトアゴが安定するように手のひらを広げ腕に乗せるイメージで上手にハンドリングしましょう。

尾だけ持ち上げようとしないこと

スキンシップが取れるのもフトアゴの魅力

腕の上で落ち着くフトアゴ

口を開けて嫌がる場合は無理にハンドリングをしないこと

成体のフトアゴはハンドリングしやすい

爪が痛い場合は爪切りでメンテナンスしても良い

02

餌やり

多くのペットもそうですが、餌やりの時間はフトアゴ飼育でも1番楽しい瞬間です。初めての人は、いつもおとなしいフトアゴの捕食の際のすばやさに驚かされることでしょう。品種改良が進んだフトアゴですが、捕食の瞬間は野生み溢れる動きを見せてくれます。

フトアゴヒゲトカゲは雑食性。さまざまなものを口にします。餌食いが良く、ペットとしての歴史も長いフトアゴには嬉しいことにさまざまな人工フードが開発・販売されています。餌食いが良いからといって単一のものばかり与えるのではなく、できるだけいろいろなものを与えてあげましょう。私たち人間も毎日同じものばかり食べていては飽きてしまうし、栄養バランスも悪くなってしまいます。同じようにフトアゴにもさまざまな給餌メニューで、豊かな食生活を提供してあげたいものです。

主な餌は、人工フードや昆虫類・野菜など。さまざまなフトアゴ用フードが市販されています。「グラブパイ」や「フトアゴゲル」「フトアゴフード」などさまざまなタイプがあり、ドライタイプなら水でふやかしてから与えます。フトアゴ愛好家には

リクガメフードなども利用されています。野草・野菜などの植物質は食べやすいよう細かく刻んでから与えます。コマツナをメインにして、チンゲンサイ・ニンジン・カボチャ・インゲン・トウミョウ・モロヘイヤ・リーフレタス・イチゴ・ブルーベリーなどが挙げられます。リクガメも飼っている愛好家はよく野草を採集して与えていて、フトアゴにも分けてあげているケースもあります。クワやオオバコ・タンポポ・ノゲシ・ヤブガラシなどが挙げられますが、農薬が散布されていないような、また、排気ガスがかかっていないような環境で採取し、よく洗ってから刻んで与えるようにしてください。これら植物質は食べやすいよう刻んでからサプリメントをまぶして与えたり、人工フードと刻んだ野菜を混ぜ合わせからサプリメントを振りかけて与えます。

餌入れは常に入れておいても良いですが、普段は入れず、餌を用意するごとに餌入れをケースに置き、食べ終わったら取り出して洗浄しておくとより清潔に保てます。食べ残しも含め、いったん取り出したほうが良いでしょう。

給餌メニュー例。野菜類と人工フードを使用。まず、メインのコマツナを食べやすいよう刻む

ニンジンとカボチャはスライサーで

刻んだ野菜にサプリメントを振りかける

これらをよく混ぜ合わせる

ふやかした人工フードを潰す。野菜と混ぜ合わせてフードだけ選り好みして食べないようにするため

野菜とサプリメントに人工フードを加える

これらをさらに混ぜて完成

餌皿に置く

設置後、すぐに餌を食べるフトアゴ

　おやつ程度に与える昆虫類は、フタホシコオロギ・イエコオロギ・ジャイアントワーム・ミルワーム・デュビア・レッドローチ・ハニーワーム・シルクワームなど。爬虫類専門店などで生きた昆虫がさまざまなサイズで市販されており、乾燥コオロギや冷凍コオロギ・缶詰タイプに加え、最近ではさまざまな昆虫を冷凍した餌も流通していま

す。ピンクマウスは必ず与えなくても良いメニューですが、産卵前のメスの栄養補給には効果的。抵抗がなければ、食べやすいように刻んで与えると幼体にも与えることができ、成長も他の餌に比べて断然速いです。栄養価の優れたコオロギやデュビアなどがおすすめで、ハニーワームやシルクワームもたまに与えても良いでしょう。毎

成体の給餌メニュー例その2。
人工フードを2種類使用

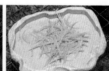
刻んだニンジンを用意

ドライフラワーや乾燥植物を
加えた

水を注いでふやかす

よく混ぜ合わせた後にカルシ
ウム剤をまぶした

各餌皿に小分けしたところ

フトアゴの飼育ケースにセット

回、カルシウム剤などのサプリメントを振りかけてから与えます。全長30cm以上の成体なら、週に2回ほどのペースで食べる量だけ与えます。ただし、フトアゴは大食漢で、大量に食べ続けることもあり肥満した個体も見かけるので、運動量を増やしたり体型を見ながら与える量を調整してください。

　一方、幼体から若いフトアゴは昆虫食傾向が高いので、主にコオロギなどの昆虫類を与えます。小さいうちから人工フードを食べてくれる個体もいますが、なかなか食べてくれません。成長と共に雑食傾向が高まるので、幼体の給餌メニューは昆虫がメインになることと思います。幼体はコオロギの2Sサイズくらいから始めます。複数匹飼っていて同じケースで飼育している場合は、他個体の尾をかじることもよくあり

餌皿を置いてすぐに反応し近
寄ってくるフトアゴ

舌を伸ばして餌を食べる

用意したグラブパイ

食べやすいようひと口サイズに切れ
目を入れる

ピンセットからグラブパイを与える。
ピンセットに慣れているので、すぐ
に反応するフトアゴ

グラブパイを食べる

ますが、たくさん給餌することである程度
かじり合いを抑制できます。小さなコオロ
ギをピンセットで摘むのは難しいので、飼
育ケースへばら撒いて投入しますが、フト
アゴは見つけるとすぐに反応して追って捕
食します。幼体のうちは毎日3回以上、食
べるだけ与え、同じようにカルシウム剤な
どのサプリメントを添加して育てます。仕
事や学校などの都合でもし与えられない場
合は、乾燥餌（コオロギやアメリカミズア
ブなど）を餌皿に入れておくか、ばらまい

て与えるようにすると良いでしょう。
　フトアゴの成長は速いです。それに合わ
せて餌コオロギのサイズもアップさせてい
き、だんだんとピンセットで摘んでから与

爬虫類・両生類飼育用のピンセット。
専門店などで入手できる

フトアゴ飼育におすすめの市販の餌

フトアゴドライ

フトアゴゲル

ベジバーガー（レパシー）

フトアゴブレンド

成体フトアゴヒゲトカゲフード

乾燥タイプの
アメリカミズアブ（幼虫）

ベジブレンド

各種リクガメ飼育用などの餌も使える

昆虫パウダー（コオロギの粉末）

フトアゴ飼育におすすめのサプリメント

マルベリーカルシウム

ネクトンとレプティカルシウム

爬虫類用炭酸カルシウム

VMCサラダ

レプティバイト

えるように慣らしてしておくのがコツです。ピンセットの先に餌があるということを認識すると、何も摘んでいなくてもピンセット＝餌があると思って、こちらに向かってきて、口を開けて舌を出し、餌を食べるようになる個体もいます。ここまでくれば、ピンセットの先に摘んであるのがコオロギでなく人工フードや植物質でも食いついてくれるはずです。

だいたい全長20cm以上に育ってきたら、人工フードや植物質もメニューに加え、だんだんとお腹を満たすメインの餌をコオロギから人工フードに切り替えていきます。餌昆虫は補助食として。なかなか野菜や人工フードに移行できない場合は、生きたコオロギではなく冷凍コオロギや乾燥コオロギにしてみるとか、最長1週間程度まで餌を抜いて水だけ与えてみるなどの方法があ

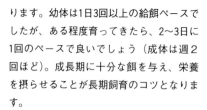

餌昆虫にはカルシウム剤をまぶしてから与える。サプリメントを入れたプラケースや大きなペットボトルを切ったものなどに餌コオロギを入れ、かるく振る

ダスティングしたイエコオロギ

ります。幼体は1日3回以上の給餌ペースでしたが、ある程度育ってきたら、2〜3日に1回のペースで良いでしょう（成体は週2回ほど）。成長期に十分な餌を与え、栄養を摂らせることが長期飼育のコツとなります。

成長に伴い与える給餌メニューが変化するフトアゴ。おさらいすると、フトアゴは幼体のうちは昆虫食傾向が強く、成長するにつれ雑食性傾向が高まるので、野菜や人工フードに慣らしていき、成体では植物質や人工フードをメインに、幼体のうちから昆虫にも野菜にもしっかりとサプリメントをまぶしてから給餌します。なお、野菜よりも昆虫のほうが断然食いつきが良いことがほとんどなので、刻んだ野菜に昆虫を混ぜて与えるようにします。理想的には、雑食性なので昆虫と野菜類・人工フードをそれぞれなるべく多種類を与えてあげるのが

良いです。

なお、餌昆虫は給餌前に餌を与えることでさらに栄養価を高めておく（ガットローディング）となお良いです。コオロギなら野菜や市販のコオロギ用フードなど。コオロギのストックケース（広めのプラケースなど）には、飲み水（給水ゼリーやコオロギ用の給水器が専門店で入手可）とジグザグに折り目を付けた段ボールや卵パックなどを入れておき、餌やガットローディング用のサプリメントを投入しておきます。フタホシコオロギは黒くて大きく、栄養価も高いのですが、水切れに弱い面があります。イエコオロギは薄茶色でやや小さいものの水切れに強く、フタホシコオロギに比べてロスが少ないです。ミルワームやジャイアントワームはストックが容易でロスも少ないのが利点ですが、栄養価的にはコオロギに劣ると言われています。丈夫で動きの鈍

ダスティングしたフタホシコオロギ

いデュビアは大型で良い餌です。コオロギのように鳴き声もしないので良いのですが、特にレッドローチなどは見ために抵抗感がある人が多いです。食べる分だけ与えますが、食べ残しは取り除きます。冷凍コオロギなどはしっかりと解凍してから与えましょう。

　サプリメントのカルシウム剤にもさまざまな製品が流通しています。カルシウムの吸収のために必要なビタミンD3ですが、フトアゴをはじめ爬虫類は紫外線を浴びることでビタミンD3を体内で生成することができます。きちんと紫外線を照射できている場合はビタミンD3の入っていない製品を使用しますが、週に1回もしくは10日に1回のペースでビタミン剤を与えると良いです。

フトアゴが食べやすいようコオロギの中央あたりを摘む

03

日常の世話と健康チェック

　餌やり以外に行う日常の世話としては、掃除と健康チェックが挙げられます。糞や食べ散らかした残餌・脱皮の皮があったら取り除き、水入れの水が汚れていたら交換してください。ペットシーツなどの床材はまめに交換し、パームマットなどの場合は汚れた箇所を丸ごと取り除きます。ガラス面なども含め、汚れが目立つようになってきたら汚れを拭き取ったり、定期的にケースを丸洗いしましょう。また、ヒーターや照明器具なども使用期限が切れていないかどうか、メモを残しておくなどして必要に応じて新品に取り替えます。

清潔な飼育環境を常に保ちます

石や流木などで自然と適度に削れていくものですが、ペットシーツなどで飼っている場合に爪が伸び過ぎてしまうケースが見られます。爪切りは爬虫類用のものか、犬猫用の爪切りを使います。適度な爪切りは初心者には難しいかもしれません。スタッフに切ってもらうサービスを行っているショップもあるので、購入したお店に相談してみてください。

　フトアゴを温浴させるかどうかですが、これは飼育者の好みにもよります。温浴させて水を飲ませると排便することが多いので、スムーズな排便を促したい時などに行っても良いでしょう。使用するお湯は30〜38℃くらいのぬるめの温度で、5分ほどで良いでしょう。水深は四肢が浸かるくらいと、溺れないようにします。脱皮不全の場合にも古い皮が取れやすくなります。ただし、嫌がって暴れたらすぐに中止します。温浴させると水を飲みたい個体はすぐ顔を浸して飲み始め、その後、排便します。温浴させた後は、タオルで拭き取ってあげて

「アリオンシェッド」

「アリオンシェッド」を
吹きかけているところ

フトアゴの脱皮はヘビのように全身が一気に
剥けるのではなく、部分的に剥けていく

から必ずバスキングライトを当ててあげましょう。脱皮不全を防止するには「アリオンシェッド」を週に2回くらい吹きかけておくと皮膚の新陳代謝が良くなり、爪先や尾の残りやすい箇所もきれいに剥けます。飼育環境内が過度に乾燥している、または過度に多湿な状態になっていると脱皮不全に陥りやすいので、繰り返しそれが見られる場合は、過乾燥なら霧吹きなどをして湿度を上げるか床材を変える、多湿なら霧吹きの回数を減らすなど飼育環境を見直します。

　病気などが疑われたら、購入先の専門スタッフに相談し、必要に応じてフトアゴを診てもらえる動物病院を紹介してもらいます。ダニや寄生虫は繁殖個体が流通の主を占める現在、ほぼ見られなくなりましたが、もし疑いがある場合、初心者は動物病院へ連れて行くことをおすすめします。いつもと異なる柔らかい糞をしたり、糞に血が混じっている、餌を食べているのに成長しない、風邪などの症状が見られた場合もすみやかに獣医師の指示を仰ぐと安心です。他の爬虫類から移ることもあるため、心配な人は動物病院まで健康診断に連れていくと良いでしょう。

　なお、フトアゴは多少、体色が変化する

ことも知られています。成長に伴い発色が良くなりますが、成体でも変化が見られます。たとえば、赤みの強い個体でも、温度や光・体調などで発色具合が変わり、目の覚めるような真っ赤な色彩を見せてくれることもあれば、くすんだオレンジっぽい体色になったりします。白みの強い個体も同様で、真っ白からグレー、時には黒っぽい体色になります。適切な飼育環境を用意し、その個体が持っている本来の色彩を存分に発揮させたいものです。

四肢や指先に残る古い皮。
浮き上がってきている

適度な爪の長さ

いつもと違う変な動きをしていないか、器具類は正常に機能しているかどうかなども日頃からチェックしておきたい

イオレイズ。飼育ケース内に入れておくとにおいや防カビ・抗菌効果が期待できるアイテム

繁殖

—— breeding ——

国内外の熱心なブリーダーに殖やされているフトアゴヒゲトカゲ。
繁殖も十分チャレンジできますが、まず覚えておきたい注意点があります。
繁殖させた個体を不特定多数に販売する場合は
現在、資格を取得していないとできない状況です。
将来を見据えて取り組みましょう。

繁殖させる前に

　飼育している生き物を殖やす。

　手元で飼っているフトアゴが産卵し、卵から孵化するシーンは感動的だし、それまで上手に飼育できている結果の1つと言え、できればみなさんに味わってもらいたいものです。初心者でも十分チャレンジできます。ただし、繁殖に取り組む前に知っておきたいことがいくつかあります。現在、繁殖させた個体を販売するには動物取扱業の免許が必要となっています。ブリーダーズイベントで自身が殖やした幼体を販売している方々は全員、その免許を取得しています。繁殖させた個体を全て自分で飼うので

あれば必要ありませんが、初めてフトアゴを飼育したいという人には、スペースや世話など時間と労力を考えると現実的ではありません。繁殖させた個体を売って儲けられるかどうか。産卵数の多いフトアゴをこういった考えで始める人も稀にいます。現実的には、動物取扱業の免許を取得していたとしても、餌代や世話に費やす時間を考えたら、とても儲けられるようなものではありません。それに、卵やフトアゴがお金に見えているのも生き物飼育として純粋に楽しめなくなってしまうものです。かわいがっているフトアゴの繁殖行動を見たいと

将来を見据えた繁殖計画を行うこと。1匹のメスで1シーズン、数十匹の仔が誕生する

オスの総排泄口付近。小さな丸い穴が並ぶ。メスはないかほとんど目立たない

発情したオスは喉が黒く染まることが多い。メスにも顎が黒くなる個体がいるが、オスほど真っ黒ではなくほんのり黒い程度

アームウェービングをするメス。愛らしい仕草

か、交尾から産卵・孵化までの過程を楽しみたいという人はぜひチャレンジしてみてください。殖えたフトアゴを全て自分の手元で飼育するのであれば取扱業の免許を取得しなくてもかまいません。

さて、繁殖させるには、最低でもオスとメスの2匹が必要です。それも、性成熟したサイズで、しっかりと育て上げられた2匹がいなければなりません。メスにとって、体内で卵を作り、産卵という一大イベントはとても体力を要するものです。雌雄判別は、先述したとおりです。性成熟すると特にオスの場合、ボビングと呼ばれる頭部を上下に小刻みに振るわせる行動を見せてくれることがあります。メスはアームウェービングという前肢をくるくると回す行動が観察できることが多いです。若い個体や成体なら販売時に明記してあることがほとんどです。微妙なサイズの場合は専門店のスタッフに判断してもらってください。

繁殖には健康かつ十分に成熟した個体を用いる

02

ペアリングから交尾・産卵・孵化

　繁殖を視野に入れている場合、複数匹を飼育することになりますが、基本は単独で飼育し、繁殖できるサイズまで育て上げます。十分餌を与えているのであれば小さいうちは一緒に飼えますが、やがて発情し始めたら、雌雄を分けて飼うようにします。オスははげしく争うため、必ず単独で。メスも単独飼育が望ましいですが、同サイズで十分な餌を与えていれば複数匹を同居飼育しているケースも見られます。特にメスは産卵できるサイズまで焦らず、しっかりと育て上げましょう。性成熟までの期間は

餌の量やペース、飼育温度などにも左右されますが、目安として最低でも1年以上要します。
　繁殖させるには、クーリングといって繁殖行動を促すため通常飼育より低い温度で管理する期間を設けます。必ずクーリングしなければ殖えないということはありませんが、発情を促しやすくなります。
　繁殖期のおおまかな流れは、冬場、1カ月～3カ月ほど15～20℃くらいまで温度を下げると発情を促すことができ、春に交尾・産卵。1匹のメスは年に1～3回産卵し、1回

交尾を迫るオス（上）。この時はメスにその気がなく成立しなかった

交尾シーン

産卵が近いメス。腹部が卵で膨らむ

の産卵で10〜30卵産み落とします。卵は30℃で孵卵すると、2カ月ほどで孵化に至ります。

　ブリーダーの具体的な繁殖の一例を紹介します。

　成熟したオスとメスを通常飼育し、12〜1月にかけてクーリング用ケースに1匹ずつ移動。15〜20℃ほどと気温の低い飼育部屋の下に置いて、丸めた新聞紙を入れて潜らせて落ち着かせます。新聞紙の代わりに土でも良いでしょう。この状態で、1カ月ほどクーリングさせます。水を飲む様子はあまり観察できないものの、念のため水入れを設置。餌は与えません。時々、痩せ具合や体調を確認し、様子がおかしかったり痩せたりしていたら、クーリングを中止。温めて餌を与え、元の飼いかたに戻します。

　2月頃に元のケースに移動してクーリングを終えます。飼育部屋の下から上のほうへ2〜3日ずつ、段階を踏んで飼育温度を上げていきます。元のケースへ戻して個体が落ち着いた頃、雌雄を一緒にさせます。交

尾はすぐ観察できる場合もあれば、なかなかしないこともあります。交尾行動が見られないのなら、しばらくそのまま同居を続けますが、メスがずっと嫌がっていたりするなど交尾が成立しないのであればいった

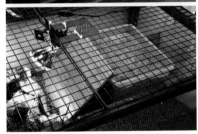

産卵用ケースを設置。登りやすいよう板が渡してある

02

産卵シーン

順調に発生が進んだ卵。最初よりも丸みを帯びてくる

産卵床に並べられた卵

ん分けます。通常は、雌雄を同居させるとオスはメスに向かってボビングをし、交尾をしたがります。メスが受けるか受け入れないかが交尾成立の成否に大きく関わります。メスは受け入れる気があると、尾を持ち上げてオスのヘミペニスを受け入れます。交尾成立後はすぐに雌雄を分けず、1日ほど同居させます。きちんと交尾できているかわからないので、念のため再度交尾させたいためです。それでも不安な場合は、

1～2週間経ってから再度一緒にしてみます。2回くらいペアを合わせておけば、たいていは大丈夫でしょう。交尾後、メスは餌をよく食べるようになり、ホットスポットにいる時間も増えてきます。産卵が近づき餌を食べなくなってきてメスのお腹が大きくなってきたら、用意した産卵ケースに移動させます。ケースの床面を掘るような仕草をよく見せるため、移動時期はわかりやすいはずです。産卵ケースには通常の飼育ケース内に、広めのコンテナボックスや大きめのプラケースを産卵床とし、湿らせた川砂または黒土か腐葉土を深めに入れておくものです。川砂でなく赤玉土でも良いですが、川砂のほうが掘りやすいです。いずれにせよ乾いているとせっかく堀った穴が崩れるので、ある程度の湿り気を持たせておきましょう。体内に卵を抱えたメスは

卵から顔を出す幼体

爬虫類用孵卵材「ハッチライト」　インキュベーター

孵化の瞬間

腹部が膨張するのである程度の目安となります。交尾から約2カ月も経つとメス親は穴に潜って産卵します。腹部は通常の状態に戻っているほか、産卵床が散らかっているので産卵したとわかることが多いです。産卵前のメスには、飲み水を十分に与えつつ、カルシウム剤や「ネクトン」などを十分にまぶしたコオロギを多めに与えておきます。

メスは、1回に20〜30個の卵を年3クラッチ。だいたい1シーズンで60卵前後を産み落とします。産卵数やクラッチ数はメスの大きさや栄養具合によって多少変わってきます。卵を産んだのがわかったら、産卵床を取り出し卵を掘り起こします。そのままでは孵卵環境としては適切ではないし、卵同士もくっ付いてしまいます。フトアゴの

 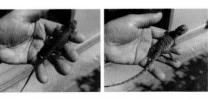

幼体。数が多いので、最初は幼体用ケースでまとめて飼育しても良いが、十分に餌を与えないと尾をかじったりすることも多いので注意。兄弟でもさまざまな色や柄をしている

ある程度育った幼体たち

同じ親から生まれたフトアゴ。1匹1匹個性がある

卵は柔らかくゴムボールみたいな感触で、鶏卵のような硬い殻ではありません。

　なるべく卵の上下の向きはそのままで、孵卵床に移動させます。タッパウェアなどにやや湿らせた水苔やバーミキュライトを入れ、転卵はさせないように並べていきます。孵卵床の湿度が適度に調整された爬虫類用の孵卵床「ハッチライト」などを利用しても良いでしょう。孵卵温度は28〜30℃だと雌雄両方が出てきます。孵化までは60日ほど。孵卵温度などにより孵化までの日数はある程度前後します。最初、細長い形状の卵が倍ぐらいに膨らみ、丸みを帯びてきます。孵卵湿度はあまり気にしませんが、80〜90%が目安。卵の温度管理は、インキュベーターなどを利用すると良いでしょう。

　孵化が始まると、小さなフトアゴの頭だけ殻から覗かせます。完全に卵から出てく

るには、殻が割れてから2日くらいかかります。出てきて動くようになったらベビー用のケースへ移動し、幼体を育てます。基本的には親と同様の飼育管理ですが、やや温度は高めに、水を切らさないように。霧吹きを毎日して水を飲ませましょう。すぐに給餌を開始せず、孵化から3日ほどで最初の脱皮が見られるので、そこで餌やりをスタートします。成体に比べ身体の小さな幼体は体力が少なく、また、複数匹を育てていると成長にばらつきが出てきます。十分な餌を与えることが、成長期に最も大事なこと。毎回、食べるだけ与え、尾の齧り合いを抑制すると共に、しっかりと成長させます。顕著なサイズ差が出てきたら分けて飼育します。以後の飼育は先述のとおりです。

基本用語集

—— Basic glossary of Bearded Dragon ——

和名	日本での正式名称。アゴヒゲトカゲ属で太い体型をしているため、フトアゴヒゲトカゲ（太いアゴヒゲトカゲ）と名付けられています。
ヘミペニス	オスの生殖器。総排泄口から出して交尾します。
前肛孔	総排泄口の前にへの字型に並ぶ小さな鱗の列で、オスで目立つものがいます。
太腿孔	腿の裏側に並ぶ小さな鱗。オスはより発達し、メスは目立ちません。
WC	wild caught の略でワイルドと呼ばれます。野生捕獲個体のこと。流通するフトアゴに WC はいません。
CB	captive breed の略でシービーと呼ばれます。飼育下繁殖個体のこと。流通するフトアゴは全て CB です。
総排泄口	糞尿を排泄したりする器官。交尾時、オスはここからヘミペニスを出して、メスは総排泄口でそれを受け入れます。卵も総排泄口から産み落とされます。
ケージ	飼育ケースのこと。
シェルター	隠れ家。フトアゴでは大きめのコルクなどが使われます。
ホットスポット	hot spot。飼育環境内に作った特に暖かい場所。
温度勾配	ホットスポットから距離が離れるにつれ温度が低くなっていくよう温度勾配を作るのがフトアゴ飼育では大切。
ハンドリング	手に乗せること。不意にジャンプしたり降りようとすることもあるので、あまり高い位置でハンドリングをしないように。
ボビング	他の個体に対して縄張りなどを示す行為。頭を上下に振る。
アームウェービング	メスが他個体に対して前肢をくるくると回転させる仕草。
孵卵材	孵卵するための土など。
インキュベーター	孵卵器。
ハッチ	孵化。
ハッチリング	孵化した幼体。
クラッチ	産卵回数。1 シーズンに 3 クラッチというのは、1 つのシーズンで 3 回産卵するということ。
ファーストシェッド	孵化した幼体が行う最初の脱皮。
品種	フトアゴの場合、遺伝性を伴うものと伴わないものが含まれます。
ライン	血筋や血統を表します。ブリーダー名が付けられることも。ノーマルの親から赤いフトアゴが生まれた場合でも「レッド」と呼ばれることがあります。
コンボ品種	さまざまな品種の特徴が組み合わさった表現。ハイポトランスレッドはハイポメラニスティックとトランスルーセントとレッドの組み合わせ。
ノーマル	フトアゴのノーマル個体は単に「フトアゴヒゲトカゲ」として販売されていることが多いです。ただ、幼体は地味でも個体によっては黄や赤みが成長と共に増してくることもあります。

フトアゴ図鑑

—— Photographic inventory/Central Bearded Dragon ——

数多くの品種が揃うフトアゴヒゲトカゲ。
同じ品種でも血統や個体ごとに差異が見られ、
自分だけのフトアゴを見つけるのも楽しい時間です。
たくさんの写真と共に紹介していきます。

フトアゴの品種について

「レッド」という赤い血統の幼体から生まれた幼体を全て親と同じ品種名で呼ぶこともあれば、赤みの強い個体のみ「レッド」と呼ぶこともあります。全てが親そっくりな仔になるわけではなく、親に似た個体が生まれる傾向が高いというケースが多いです。その分、それぞれに個性が見出せるので、選ぶ楽しみも増えるわけです。

幼体は刺状突起などの発達が弱く、頭が大きくて発色も弱いのに対し、成長につれて発色などが増していき、特徴がはっきりとしてきます。品種の名のないノーマルでも育て上げると赤や黄が強まってくる個体もいて、成長と共に色彩変化を楽しめるのもフトアゴ飼育の魅力です。

赤みの強い血統

レッド・ブラッドレッド・ダチューレッド・ファイア・シトラスなど。

オレンジの強い血統

タンジェリン・シトラス・サンバーストなど。

黄色みの強い血統

イエロー・パンプキン・シトラスなど。

白みの強い血統

ホワイト・スノー・アイスなど。

タイガー

トラのような暗色の斑紋が入る。

ストライプ

上から見て体に2本の太い模様が入る。

パターンレス

背や頭部の模様がないか薄い。

ハイポ（ハイポメラニスティック）

黒が減少した表現。爪は透明でクリアネイルとも呼ばれます。劣性遺伝。

リューシスティック

白い表現。ハイポの1種。ホワイトの爪が黒に対し、こちらは透明。劣性遺伝。

トランスルーセント

トランスと略されることも。透明感のある鱗をした表現。虹彩が黒く、黒目に見えます。体質がやや弱い面があるので、飼育の際はしっかりとケアをすること。

ウィットブリッツ

全く模様がない表現。南アフリカで作出されました。劣性遺伝。

ゼロ

全く模様がなく白い表現。アメリカのブリーダーが作出。

ジャーマンジャイアント

全長65cm以上に達する大きな品種で、産卵数も多いです。

レザーバック

背が滑らかな質感で、刺々していません。共優性遺伝で、スーパー体はシルクバックという刺状突起のない名のとおり絹のような質感。アメリカンレザーバックやアメリカンスムージーは劣性遺伝。マイクロスケールドレザーバックはさらに細かな質感。レザーと略されることも。

シルクバック

鱗のないすべすべした質感。

ダナー

鱗の向きがばらばらな表現で、個体によってさまざま。優性遺伝または共優性遺伝と言われています。

　また、これらを組み合わせた品種名が付けられていることも多いです。ハイポトランス（ハイポメラニスティック＋トランスルーセント）・ハイポレザー（ハイポメラニスティック＋レザーバック）・トランスレザーバック（トランスルーセント＋レザーバック）・トランスシルクバック（トランスルーセント＋シルクバック）・ハイポトランスレザー（ハイポメラニスティック＋トランスルーセント＋レザーバック）といった具合です。順番にも決まりがなく、特に色みが強い個体にはスーパーやエクストリームなどが冠せられるケースもあります。また、ブリーダーの名前や血統名などが付くことも（例：サンドファイアレッドやタイランドレッド）たとえば、ハイポレッドもレッドハイポも同じ意味。

　以下では、単に「フトアゴヒゲトカゲ」として販売されている個体（＝ノーマル）から、さまざまな品種名が添えられているフトアゴを紹介していきます（販売時の名前で掲載）。フトアゴ選びの参考になればと思います。

幼体から若い個体
（ノーマル）

成体（ノーマル）

69

スーパーレッドハイポ

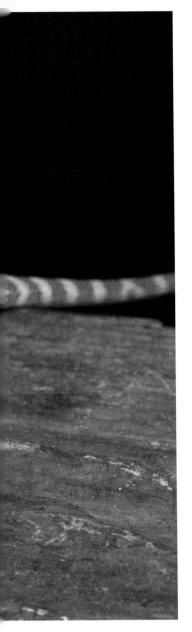

レッド

クローリーレッド

タイランドレッド

パステルレッド

ハイポオレンジ

ハイポタイランドレッド

ハイポオレンジ

ハイポレッド

ブラッドレッド

レッドシトラスフレーム

ハイポレッド

ハイポレッド

ブラッドレッドキャンディケイン

フローレセントオレンジ

ギャラクシーハイポレッドストライプ

オレンジブライトキャンディケイン

ギャラクシーレッドストライプ

レッドシトラスハイポタンジェリン

サンダーボルト

コーラルシトラスオレンジタイガー

サンダーボルトストライプ

スーパーレッドハイポトランス

シトラスイエローハイポ

ハイポイエロー

イエローパステル

ハイポレインボータイガー

スーパーハイポシトラスタイガー

スーパーハイポシトラスタイガー

ハイポシトラスサンバースト

ハイポシトラスオレンジタイガー

ハイポシトラス

ハイポシトラス

グリーン

プラチナホワイトパターンレス

ハイポパステル

ハイポホワイト

ポーラーハイポパーシャルトランス

リューシスティック

ウィットブリッツ

ウィットブリッツ

ウィットブリッツ

ウィットブリッツレザーバック

ウィットブリッツレザーバック

ハイポウィットブリッツ

ハイポウィットブリッツ

ゼロ

ゼロ

ハイポゼロ

ハイポゼロ

ハイポゼロ

ハイポトランスゼロ

ハイポトランスゼロ

トランスゼロ

ハイポレザーゼロ

ジャーマンジャイアント

ジャーマンジャイアント

レザーバック

コーラルレッドレザーバック

コーラルレッドレザーバック

イエローハイポレザーバック

ホワイトハイポレザーバック

スーパーレッドレザーバック

ハイポネオンレッドレザーバック

ハイポレッドレザーバック

スーパーレッドハイポレザーバック

レッドタイガーレザーバック

ハイポシトラスタイガーレザーバック

ハイポスーパーイエローレザーバック

ハイポレザーバック

イエローハイポレザーバック

イエローハイポレザーバック

ハイポブラッドレッドレザーバック

イエロートランスレザーバック

ファイアタイガーレザーバック

スーパーレッドハイポトランスレザーバック

スーパーレッドハイポトランス

スーパーレッドトランスレザーバック　　　**スーパーレッドハイポレザーバック**

レッドトランスルーセント

スーパーオレンジトランスレザーバック　　　**スーパーレッドハイポトランスルーセント**

トランスルーセントレザーバック

レッドトランスルーセントレザーバック

レッドトランスルーセントレザーバック

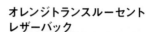
オレンジトランスルーセント
レザーバック

レッドウィットブリッツトランスルーセント

オレンジハイポトランスルーセント

オレンジハイポトランスルーセントレザーバック

ハイポタイランドオレンジトランスルーセント

オレンジハイポトランスルーセントレザーバック

オレンジハイポトランスルーセント
レザーバック

ハイポシトラスタイガートランス
ルーセント

ダッチュースーパーレッドトランスルーセントレザーバック

エクストリームレッドハイポトランス
ルーセントレザーバック

エクストリームレッドトランスルーセント
レザーバック

エレクトリックレッドハイポトランスルーセントレザーバック

シルクバック

シルクバック

ハイポイエローシルクバック

ハイポイエローシルクバック

ハイポレッドシルクバック

スーパーレッドシルクバック

レッドパステルシルクバック

トランスルーセント

トランスルーセント

トランスルーセント

ハイポトランスルーセント

ハイポトランスルーセント

エクストリームレッドハイポトランスルーセント

レッドトランスルーセント

エクストリームレッド
トランスルーセント

エレクトリックハイポトランスルーセント

コーラルレッドハイポ
トランスルーセント

コーラルハイポトランスルーセント

レッドハイポトランスルーセント

レッドハイポトランスルーセントストライプ

レッドハイポトランスルーセント
レザーバック

ブラッドレッドトランスルーセント

ブラッドトランスルーセント

イエローハイポトランスルーセント

イエローハイポトランスルーセント

トランスルーセントスーパーストライプ

トランスルーセントパープルスキン

トランスルーセントマイクロレザー

スーパーレッドトランスルーセント

スーパーレッドトランスルーセント

スーパーレッドトランスルーセント

スーパーレッドトランスルーセント

スーパーレッドクリアネイル

スーパーレッドハイポトランスルーセント
ジェネティックストライプ

シトラスハイポトランスルーセント

シトラスハイポトランスルーセント

サンダーボルトトランスルーセント

パステルタイガートランスルーセント

オレンジタイガートランスルーセント

オレンジハイポトランスルーセント

ハイポレザーバッククリアネイル

トランスルーセントシルクバック

ダナー

ダナー

ハイポダナー

ポーラーダナー

ポーラーホワイトダナー

レッドハイポダナー

グリーンダナー

ハイポトランスダナー

ダナーレザーバック

スーパーレッドハイポトランスルーセントダナー

ポーラーホワイトダナー

パラドックストランスルーセント

レザーバックダナートランスルーセントストライプ

Chapter

6

フトアゴの仲間たち

—— Photographic Inventory/Bearded Dragons ——

フトアゴほど流通量は多くありませんが、姿形のよく似た同属種も流通しています。
小型でより小さな飼育スペースで飼える種から、フトアゴよりも大型になる種もいます。
飼育方法もフトアゴに準じます。

フトアゴの仲間たち

ローソンアゴヒゲトカゲ

Pogona henrylawsoni

フトアゴヒゲトカゲよりも小さく、大きくても
30cm程度。ランキンスドラゴンとも呼ばれます。
頭でっかちの体型がかわいらしい種。幅60cm
程度の飼育ケースで飼うことができます。

ローソンアゴヒゲトカゲ

ローソンアゴヒゲトカゲ（幼体）

ローソンアゴヒゲトカゲ

ローソンアゴヒゲトカゲ（若い個体）

ローソンアゴヒゲトカゲ"レッド"

ローソンアゴヒゲトカゲ"レッド"

ローソンアゴヒゲトカゲと
ヒメアゴヒゲトカゲの交雑個体

ヒメアゴヒゲトカゲ

Pogona minor

こちらも小さくて全長35cmほど。立体活動も得意で、背中の鱗が規則的に並ぶのが特徴。

ヒメアゴヒゲトカゲ

ヒメアゴヒゲトカゲ

ヒメアゴヒゲトカゲ（幼体）

ヒメアゴヒゲトカゲ（幼体）

ヒメアゴヒゲトカゲ（若い個体）

ミッチェルアゴヒゲトカゲ

Pogona Mitchell

本種も小型で全長35cmほど。丸みのある頭部をしており、脇腹の刺状突起もあまり発達しません。

ミッチェルヒゲトカゲ

ミッチェルヒゲトカゲ（幼体）

ミッチェルヒゲトカゲ（若い個体）

ヒガシアゴヒゲトカゲ

Pogona barbata

本属中最大で、全長60cmほど。フトアゴよりも
刺状突起が発達します。

ミッチェルヒゲトカゲ（幼体）

ミッチェルヒゲトカゲ（幼体）

ヒメアゴヒゲトカゲ（若い個体）

Chapter

7

フトアゴ飼育のQ&A

解答 川村 健太

Q 初めて爬虫類を飼ってみたいのですが、フトアゴは飼いやすいですか?

A 爬虫類の中では人懐っこく、よく馴れる個体が多いため、初心者でも比較的飼育しやすい種類です。

Q 寿命はどれくらいですか?

A 平均寿命は7年ほどですが、長いと15年以上生きる個体もいます。成体になってからの餌が重要と言われており、バランスの良い給餌が長期飼育の鍵となることが多いです。

Q 成体になるまでどれくらいかかりますか?

A 成長が速い個体だと約1年ほどで成体になります。成長がゆっくりな個体でも2年ほどで成体になります。

Q 初めてフトアゴを購入しようと考えているのですが、飼育機材の種類が多過ぎて何を買えば良いかわかりません。

A 個体を購入する際に、ショップのスタッフと相談してから購入するのをおすすめします。先に揃えると、必要不可欠なものや今必要ではないものなどの大切な情報を得ることなく飼育をスタートさせてしまうことがあるためです。

Q 「フトアゴゲル」だけでも飼育は可能ですか?

A 幼体時から全長30cmまではフードのみでも可能ですが、活餌を与えたほうが成長が速く、ガッチリとした体型になりやすい傾向にあります。「フトアゴゲル」のみではなく、乾燥コオロギや冷凍餌を併用することでスムーズに成長させることができます。

フトアゴゲルをピンセットから与える

Q 餌の頻度と1回に与える量はどれくらいですか?

A 餌の頻度はベビーサイズから全長35cmくらいまでは毎日与えます。食べるだけ与えても良いですが、吐き戻しをしやすい爬虫類でもあるため、一気にたくさん与えるのではなく、飲み込むための間を空けて与えましょう。35cm以上のサイズになってきたら、1日おきや2日おきにして1度の餌の量を調整しましょう。アダルトサイズは週に2回のペースで、個体に合った量を与えましょう。

Q 餌を野菜に変えるタイミングがわかりません。いつ頃から変えたほうが良いですか?

A 全長が30cm以上になってきたら徐々に野菜を与えていきましょう。そうすることで野菜への移行がスムーズになります。

Q 2歳のフトアゴを飼っているのですが、なかなか野菜を食べてくれません。どうしたら良いですか?

A 現在も活餌を与えているなら冷凍餌か乾燥餌、または昆虫パウダーなどに変更し、野菜に混ぜることをおすすめします。それでも食べない場合は餌自体を3日～1週間与えずに水だけを与え、お腹を空かせましょう。ほとんどの個体はこれで食べるようになる傾向にあります。

Q 3歳のフトアゴを飼っているのですが、これからもずっとカルシウム剤と紫外線は必要ですか?

A アダルトのフトアゴにカルシウム剤を与えず、紫外線も照射してないという話をたまに聞きますが、今は問題なくても、将来的に低カルシウム状態になる可能性がとても高いです。低カルシウム状態とは、よく耳にするクル病とは違って、軽度なものだと四肢や一部位の痙攣、重度の場合は全身痙攣を起こし、最悪の場合、急死してしまうこともあります。日々のカルシウム摂取と紫外線を浴びることによるビタミンD3の合成で未然に防ぐことが可能なので、カルシウム＋紫外線はしっかり与えることをおすすめします。

同じケージ内での多頭飼育は可能ですか?

基本的には多頭飼育はおすすめしていません。尻尾や手足を噛んでしまうことがあり、それが原因で感染症になってしまうことや、膿んでしまって患部を切除しなくてはならないこともあります。匹数が増えるほどリスクが上がってしまううえに、飼い主が見ていない時に喧嘩をすることが多いので、怪我を未然に防ぐためにも単独で飼育することをおすすめしています。メス同士なら、という人もいらっしゃいますが、オス同士やオスメスよりはリスクが少ないというだけで、単独飼育すれば0になるリスクが1%でも出てしまうため、やはり単独飼育が良いでしょう。

産地によって飼いかたに違いはありますか?

主な産地は日本・アメリカ合衆国・ドイツ・タイです。国内CBとアメリカCBは基本的な飼いかたで大丈夫な個体が多いですが、ドイツCBは昼夜の温度差を付けたほうが、餌食いが良い個体が多い傾向にあります。タイCBは乾燥に弱い個体が多いため、霧吹きを多めにすることと、床材をヤシガラやソイルにして多湿な環境を一時的に作ることで、乾燥と脱水を防ぐことができます。産地によってブリードの仕方や管理方法に多少の違いがあるため、購入する際、ショップスタッフにお店でどのように飼育しているのかをしっかり聞きましょう。

脱皮の頻度はどれくらいですか?

個体によってさまざまですが、1〜2カ月に1回のペースで脱皮をします。ヘビやヤモリと違い、全身が一気に剥けることはなく、頭・四肢・胴・尻尾がバラバラに剥ける個体がほとんどです。

電気代はどれくらいかかりますか?

全てをライトで管理(バスキング・紫外線灯・保温球)しても合計で150W前後ぐらいなので、月に1,000円もかからないはずです。例として、75Wのバスキングライトを1カ月間、1日10時間使用した電気代の計算式を記載したので、こちらを参考に計算して頂ければおおよその数値を出せます。なお、電力会社や料金プランによって差があるので、あくまでも一例としてお考えください。

例:1日10時間75Wのバスキングライトを使う場合（愛知県）

1)電気代を計算する時は、まず電力量(Wh)を算出します。
消費電力75(W)×時間10(h)＝電力量750(Wh)

2)電力量はkWh(キロワットアワー)で計算するため、Wh(ワットアワー)をkWh(キロワットアワー)に換算します。
750(Wh)÷1000＝0.75(kWh)

3)kWh×ご契約プランの1kWhあたりの電力量料金で、電気代が算出できます。0.75(kWh)×約20円(1kWhあたりの電力量料金)＝15円(電気代)

4)15円×30(日)＝約450円(1カ月あたり)

Q 爪切りは必要ですか?

A ハンドリングをしていて痛い場合や、爪が伸びてきて歩くのに支障が出たり、先が折れたりする場合は、爪を切ることをおすすめしています。爬虫類用を販売しているショップがあればそちらを購入していただいて、もしない場合は猫用の爪切りを代用してください。切りかたは個体を購入した販売店に聞いていただくか、爪切りのサービスを行っている場合はお店のスタッフに任たほうが良いかもしれません。

爪切りの様子

Q 舌が白くなっていて餌を食べてくれません。どうしたら良いですか?

A 脱水をしているか、栄養が足りていないのが原因で起こることが多いです。なるべく早く病院で診察を受けましょう。どうしてもすぐに行けない場合はシリンジやスポイトで水を飲ませるか、ナトリウムやカリウムを含んだ補助水（GEXの「イオンチャージ」）を使用方法に従って使ってみるのも手です。このような症状は、普段の餌のバランスを整えることで未然に防止することができるため、日頃の給餌から見直してみましょう。

GEXイオンチャージ

Q 日中バスキングライトや紫外線灯がついている間、目をつぶっていて餌をあまり食べてくれません。どうしたら良いですか?

A 紫外線灯の距離が近過ぎたり、ケージの大きさに対して出力が大き過ぎる場合に、目が紫外線に負けることがあります。まずは要因を探って頂き、動物病院で診察を受けるのが良いでしょう。重症化していなければ目薬で治ることが多いです。視力が落ちてしまうか最悪の場合、失明してしまうこともあるため、早めの対処をおすすめします。

Q もし死んでしまったらどうすればいいですか?

A 費用はかかってしまいますが、ペット霊園での火葬が1番だと思います。してはいけないのは、公園などに埋める（土葬）、川に流す（水葬）などです。公園などに埋めると他の動物が掘り起こして違う場所に運んだり、死体の中に病原体が存在しており、公園の土や川の水などで増殖をして環境を汚染する危険があるかもしれないなども考慮しなくてはいけません。もちろん、家族が亡くなったのですから、弔ってあげたい気持ちはわかります。ですが、周りに棲む生き物や環境のことにも目を向けてあげてください。ペット霊園での火葬は費用がかかるのでそれが厳しい場合は、可燃ゴミとして焼却処理をしてもらうほうがそういったリスクがない方法だと思います。弔いかたも大切なのかもしれませんが、どういった気持ちで送り出してあげるかが1番大切なのではないでしょうか。

【参考文献】
クリーパー（クリーパー社）
フォトガイド フトアゴヒゲトカゲ（誠文堂新光社）

profile

監修者 川村 健太
（かわむら けんた）

北海道エコ・動物自然専門学校
の動物園・動物飼育コース卒（現：
動物飼育学科）。現在、リミック
ス名古屋インター店ペポニ爬虫
類アドバイザー。専門学校在学
中に爬虫類に多く触れたことで、
爬虫類飼育の魅力を知り、憧れ
の㈱名東水園に就職し今に至る。
動物全般が好きで特に犬とミー
アキャットが好き。

STAFF

監修	川村 健太
写真・編集	川添 宣広

撮影協力　aLiVe、岩本妃順、ウッドベル、SGJAPAN、エンドレスゾーン、オーナーズフィッシュ＆レプタイルズ、小畑敬済、オリュザ、亀太郎、小家山仁、蒼天、高田爬虫類研究所、爬虫類倶楽部、ぷりくら市、松村しのぶ、マニアックレプタイルズ、リミックス ペポニ、レプティリカス

special thanks	三ツ矢一美
表紙・本文デザイン	横田 和巳（光雅）
企画	鶴田 賢二（クレインワイズ）

|飼|育|の|教|科|書|シ|リ|ー|ズ|

フトアゴヒゲトカゲの教科書

基礎知識から飼育と多彩な品種紹介

2020年7月13日　初版発行
2023年3月5日　第2版発行

発行者	笠倉伸夫
発行所	株式会社笠倉出版社
	〒110-8625　東京都台東区東上野2-8-7 笠倉ビル
	☎0120-984-164（営業・広告）
印刷所	三共グラフィック株式会社

©KASAKURA Publishing Co,Ltd. 2020 Printed in JAPAN
ISBN978-4-7730-6110-9